写真でわかる

きのこの呼び名事典

A Naturalist's Guide to Mushrooms

写真・文
大作晃一

世界文化社

写真でわかる
きのこの呼び名事典 …… 目次

きのこの色と形

アートディレクション：新井デザイン事務所（新井達久）

きのこの色と形

サクラシメジモドキ

桜占地擬

Hygrophorus purpurascens

ヌメリガサ科

発生時期：秋

食用区分：食

菌根性で、針葉樹林内に発生する。

名前の由来

サクラ色のきのこで、サクラシメジにきわめて似ていることから。

里山でのきのこ狩りで、サクラシメジは人気のあるきのこ。苦みが気になるときもあるが、うまみがあり、しゃきっとした歯ごたえもいい。シラビソやコメツガの生える亜高山帯の森を歩くと、サクラシメジにそっくりなきのこに出会うことがある。こんなところにもサクラシメジが生えるのか？と思いながら、傘をひっくり返してみる。傘の縁から柄《え》にかけて、繊維状の皮膜がつながっているので、すぐにサクラシメジモドキとわかる。サクラシメジには、この皮膜はない。

シラビソの下に、列をつくって生える。

アカヤマタケ
赤山茸

Hygrocybe conica
ヌメリガサ科
発生時期：夏〜秋
食用区分：注意（体質により中毒）

腐生性で、林内、草地、公園などの地上に発生する。

林内や草地に生える。小さくて見過ごしやすい。

名前の由来 とんがり帽子のような赤い傘に由来する。

赤いとんがり帽子の可憐なきのこ。こんなに美しいのに、ちょっとでもさわると、汚らしく黒変してしまう。黒変するのがアカヤマタケの大きな特徴ともいえる。ときには、全体が真っ黒になってしまい、アカヤマタケの痕跡をとどめていないものを見ることもある。アカヤマタケ属の仲間は、蠟《ろう》細工のような質感で、赤や黄色など、色鮮やかで可憐なきのこが多い。傘と柄の粘性の有無の観察は重要。だが、種を同定するのがむずかしいグループでもある。

菌根性で、カラマツ林に発生。

キヌメリガサ

黄滑傘

Hygrophorus lucorum
ヌメリガサ科
発生時期：秋
食用区分：食

名前の由来
傘、柄ともに粘性があり、傘がレモン色であることから。

秋が深まってカラマツ林は黄金色に染まってくる。そんな黄葉したカラマツの下からいっぱい生える。食用になり、小さくて淡白な風味だが、けっこうおいしい。傘や柄には粘性があり、落ち葉や土がつきやすい。この小さなきのこを、ゴミをとりながら、お腹いっぱいになるまで集めるのは、根気が必要でたいへん。そのため、コンキタケとも呼ばれる。

カラマツの落ち葉の間から次々と生えるキヌメリガサ。

ドクササコ
毒笹子

Clitocybe acromelalga
キシメジ科
発生時期：秋
食用区分：毒

腐生性で、竹やぶや笹やぶ、スギ林などの落ち葉の上に発生する。

一見おいしそうに見えるが、強い毒性がある。

名前の由来 笹やぶに生える毒きのこであることから。

食べたくないきのこナンバーワンが、このドクササコ。命を落とすことはないが、食べると中毒を起こし、手足の先などに焼け火箸をあてられたような激しい痛みが、10日から1ヶ月も続く。七転八倒する苦痛に耐え続けなければならない。関東では見かけることがなく、出会えるチャンスはなかなか巡ってこなかった。東北地方や日本海側に多く分布している。新潟に行ったときに、やっと見つけることができて感激して撮影。

ムラサキシメジ

紫占地

Lepista nuda

キシメジ科

発生時期：晩秋

食用区分：注意（生食は中毒）

腐生性で、落葉の上に発生する。

落ち葉に紛れるように列をつくって生える。

落ち葉をめくると、たくさん現れたムラサキシメジ。

名前の由来

シメジのような姿で、全体が美しい紫色のきのこであることから。

晩秋になると、菌根性のきのこは少なくなり、腐生性のきのこが中心となってくる。ムラサキシメジは、晩秋に生える落ち葉を分解するきのこ。見つけるには、落ち葉がたくさん積もった場所を歩いてみよう。きのこは、生食すると中毒を起こすものがけっこうある。ムラサキシメジは普段、菌糸を広げて生活している。菌糸の表面から酵素を出し、落ち葉を分解して栄養を吸収していく。菌糸は表面積をかせぐために好都合。また、どこへも入り込める柔軟性をもつ。生のきのこを食べると、実は食べたつもりでいて、腸の中では菌糸の酵素によって、逆にきのこに食べられているのかもしれない。

菌根性で、おもに砂地のマツ林に発生する。

シモコシ
霜越

Tricholoma auratum
キシメジ科
発生時期：晩秋～初冬
食用区分：注意
（海外の近縁種で中毒例あり）

名前の由来 霜の降りるころでも発生することから。

晩秋から初冬にかけて海岸のクロマツ林によく生える。千葉の九十九里浜には広大なクロマツ林が続いていて、シモコシをキンタケ、ハマシメジをギンタケと呼んで、食用にしていた。熊手を使って、落ち葉をひっくり返してきのこを探すという風景があった。最近は、下草が生い茂るようになってしまい、きのこの発生が少なくなってしまった。ヨーロッパでは、シモコシやキシメジに似たきのこで中毒を起こし、死亡した事例があるため、食用は注意を呼びかけている。

コケに隠れるように生えるシモコシ。

カキシメジ

柿占地

Tricholoma ustale

キシメジ科

発生時期：秋

食用区分：毒

菌根性で、広葉樹や針葉樹などの地上に発生する。

名前の由来

シメジに似ていて、柿のような色をしていることから。

乾燥して傘にひびが入った姿は、マツタケのよう。

おいしそうな毒きのこナンバーワンがカキシメジ。褐色の地味な色合いといい、傘表面のぬめり感といい、ついつい口にしたくなる風貌だ。なんとマツタケと近縁のきのこ。たしかに傘がひびわれてくると、マツタケチックになってくる。ヒダは白色だが、傷つけたり古くなると褐色のしみができるのが大きな特徴。マツタケをはじめとする近縁の種も、同様の特徴をもつ。中毒を起こすと、命を落とすことはないが、腹痛をともなった嘔吐や下痢をして、つらい思いをするだろう。

マツタケ

松茸

Tricholoma matsutake
キシメジ科
発生時期：夏〜秋
食用区分：食

菌根性で、アカマツなどのマツ科の樹下に発生する。

野菜売り場には、外国産のマツタケが並ぶようになってきた。実はマツタケの消費量のうち、国産は1%ほどに過ぎない。国産の生産量のピークは1941年、現在の約700倍もあった。アカマツは燃料や木材として利用され、人の手によってアカマツ林が維持されてきた。石油燃料に置きかわってしまった現在、多くのアカマツ林は衰退した。マツタケはアカマツ以外にも、ツガ、コメツガ、クロマツ、ハイマツ、アカエゾマツなどのマツ科の樹下に発生し、細々と生きながらえている。

名前の由来
おもにマツ林に発生することから。

マツ科の樹下に多く発生するマツタケだが、亜高山帯のシラビソ、コメツガ林にもひっそり生えていた。

マツタケモドキ
松茸擬

Tricholoma robustum
キシメジ科
発生時期：秋
食用区分：食

菌根性で、アカマツなどのマツ科の樹下に発生する。

名前の由来 姿がマツタケに似ていることから。

アカマツ林や亜高山帯のコメツガ、シラビソ林など、マツタケが生えそうな環境で見かける。見つけると一瞬、テンションは上がるが、においをかいだ瞬間、がっくりする。あのマツタケの高貴な香りはどこにもない。たとえマツタケモドキが100本あっても、1本のマツタケの存在にはかなわない。マツタケモドキは、マツタケよりも小形のことが多く、柄の基部が細くなっている。火を通すと黒ずむ。

マツタケを探していると見つかることがある。

オオイチョウタケ
大銀杏茸

Leucopaxillus giganteus

キシメジ科

発生時期：夏〜秋

食用区分：食

腐生性で、スギ林や竹林、公園などの地上に発生する。

名前の由来 傘が大きくて、一部が切れ込むことが多く、力士の髪形の大銀杏のように見えることから。

林道の斜面で見つけた立派なオオイチョウタケ。

全体が白色の大形のきのこで、スギ林や谷沿いなどのじめじめした場所を、特に好む。食用になり、おおがらのわりにおいしいきのこ。独特の風味が料理をおいしくする。夏に発生するものは生長が速く、採取タイミングがむずかしい。1日遅いと手遅れになってしまう。各地で栽培の研究もされ、成功しているが、残念ながら、市場に普及するまでには至っていない。

モミタケ

樅茸

Catathelasma ventricosum

オオモミタケ科

発生時期：秋

食用区分：食

菌根性で、モミやトドマツ、ウラジロモミなどの林内に発生する。

モミの生える林で大きな傘を広げるモミタケ。粉っぽい独特の香りはあるが、歯ごたえは素晴らしい。

柄の基部は地中深くまで伸びる。

名前の由来　おもにモミ林に発生することから。

モミタケを見つけるには、大きなクリスマスツリーのようなモミの大木を目指して歩けばいい。モミの樹下はモミタケ以外にも、アカモミタケ、ヒメサクラシメジ、コウモリタケ、ウスタケなど、いろいろなきのこが生える。モミの下を歩くのは楽しい。これまで、アカマツの樹下にもモミタケが発生するとされていたが、最近の研究では、アカマツに発生するのは別種の可能性が高いとのこと。シラビソなどの樹下には、より胞子の長いオオモミタケが生える。

シャカシメジ
釈迦占地

Lyophyllum fumosum

シメジ科

発生時期：秋

食用区分：食

菌根性で、コナラとアカマツとの混生林に多く発生する。

ブナ、ミズナラ林に発生したシャカシメジ。

名前の由来 幼菌の丸い傘が多数集まった姿が、釈迦の螺《ら》髪《ほつ》のように見えることから。

塊茎状の基部から、たくさんの傘をつける独特の形をしている。発生数は少なく、見つけたときのよろこびは大きい。コナラが優先し、ところどころにアカマツが生えていたりする里山で見かける。このような環境には、サクラシメジやウラベニホテイシメジなど、きのこ狩りの対象となるきのこがたくさん生える。あこがれのホンシメジも発生するが、ここ10年あまり、出会えていない。

たくさんの傘をつけるのが特徴のシャカシメジ。大きな株だと直径 30㎝を超えることもある。

カレバキツネタケ
枯葉狐茸

Laccaria vinaceoavellanea

ヒドナンギウム科

発生時期：夏〜秋

食用区分：食

菌根性で、おもに広葉樹の樹下に発生する。

食用になるが、きのこ狩りのターゲットにされることはない。

くすんだ色合いのきのこで、落ち葉にまぎれるように生えている。傘に放射状の溝線があるのが特徴。傘が開いてくると、縁のほうがうねってくる。キツネタケ属は、ヒダに特徴があるので、傘をひっくり返して観察してみよう。ピンク色や紫色などの色をもち、厚みがあり、ヒダの間隔はまばらになっている。キツネタケ属は、遺伝子の情報によって、キシメジ科からヒドナンギウム科という、なんとも聞きなれない科に移された。ヒドナンギウムは、団子状をした地中に生えるきのこ。

名前の由来

キツネ色をした傘が枯れ葉に似ていることから。

腐生性で、広葉樹の倒木や生立木の根際に発生する。

ナラタケモドキ

楢茸擬

Armillaria tabescens
タマバリタケ科
発生時期：夏〜秋
食用区分：注意
（過食は中毒）

名前の由来
ナラタケによく似ていることから。

世界最大の生物はきのこだということを、きのこ関係者は、密かに誇らしく思っている。ナラタケ属の一種、Armillaria ostoyaeの菌糸を調べたところ、アメリカのひと山全部が単一の遺伝子だったという。推定重量はシロナガスクジラの3倍。ナラタケ属のきのこは食用となるものが多い。ナラタケモドキも食用にされるが、たくさん食べると消化不良を起こす。

ナラタケの柄にはツバがあり、ナラタケモドキの柄にはツバがない。

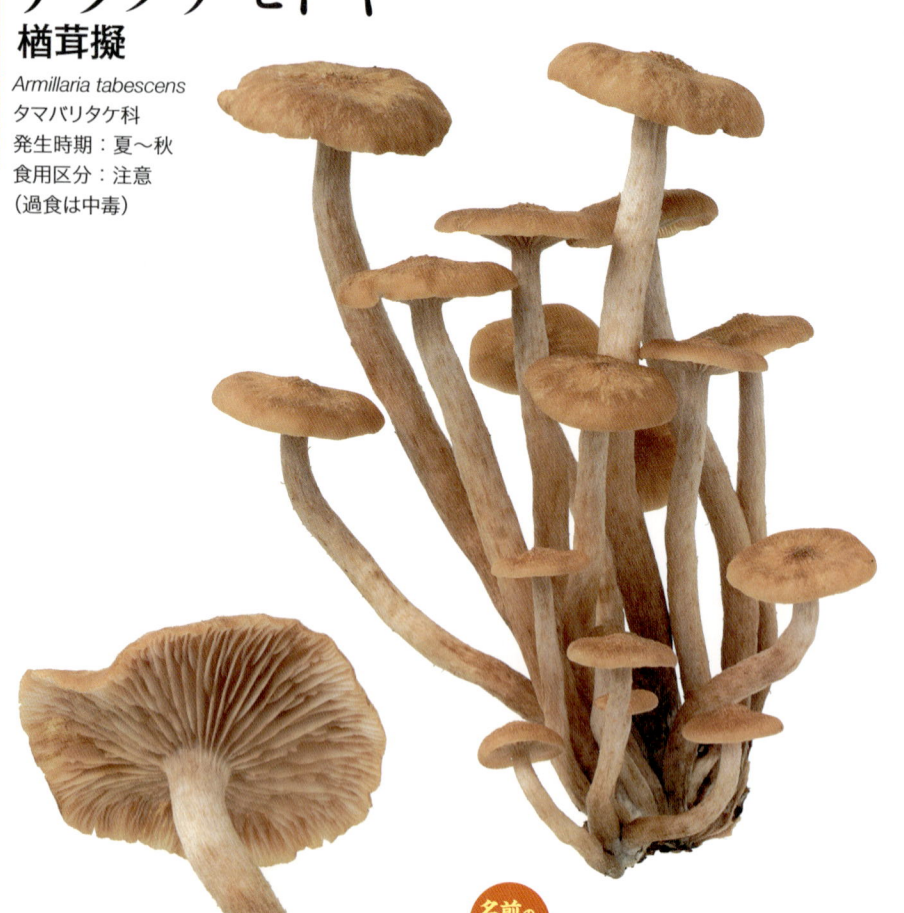

コナラの枯れ木にびっしり生えるナラタケモドキ。枯れ木に花が咲いたよう。

エノキタケ
榎茸

Flammulina velutipes
タマバリタケ科
発生時期：秋〜冬
食用区分：食

腐生性で、エノキやカキ、コナラ、ヤナギなどの広葉樹の枯れ木や、切り株に発生する。

栽培品のエノキタケ。

雪の舞い始めたころ、柿の木に生えたエノキタケ。

名前の由来 おもにエノキに発生することから。

山地では秋に、沢沿いのヤナギの枯れ木に生えているのを見かける。平地では晩秋から冬に、エノキ、ケヤキ、カキなどの広葉樹の枯れ木に生える。傘は湿ると、思いのほか粘性がある。ナメタケとも呼ばれる。栽培されたエノキタケは、色も形も大きく異なってしまったが、鼻を近づけてみると、おがくずのすえたにおいにまじって、鉄の錆びたようなにおいがする。エノキタケの特徴だ。

自宅の庭のユズリハの切り株から発生したエノキタケ。数年間楽しめた。

ハナオチバタケ

花落葉茸

Marasmius pulcherripes

ホウライタケ科

発生時期：夏～秋

食用区分：食用不適

腐生性で、林内の落ち葉上に発生する。

　落ち葉の上に華やかな彩りをそえるきのこ。褐色と紅色の２つのタイプがあり、落ち葉を分解している。そっと落ち葉をどかしてみると、白い菌糸のマットが広がっている。乾燥するとすぐにしぼんでしまい、雨が降って水分を吸収すると、もとに戻るというのが特徴。撮影するには、雨上がりの瞬間をねらう。

名前の由来

花のように可憐で、落ち葉を分解することから。

雨上がりに可愛い傘を広げるハナオチバタケ。

褐色型に比べて紅色型のハナオチバタケは発生数が少ない。

チシオタケ

血潮茸

Mycena haematopoda

ラッシタケ科

発生時期：夏〜秋

食用区分：不明

腐生性で、おもに広葉樹の枯れ木に発生する。

クヌギタケ属のきのこは、たくさんの種類があり、同定するのは難しい。しかしチシオタケは特徴がはっきりしているので、同定するのは簡単。傘の縁にフリンジがあり、傷つけると赤色の液が出てくる。似たきのこにアカチシオタケがある。柄はオレンジ色で、傷つけたときに出てくる液もオレンジ色。

名前の由来
傷つくと血のような暗赤色の液が出ることから。

枯れ木に赤い傘がいくつも並んだ姿は、とても可愛らしい。

カバイロツルタケ
樺色鶴茸

Amanita fulva
テングタケ科
発生時期：夏〜秋
食用区分：食

菌根性で、種々の林内に発生する。

名前の由来
外見はツルタケに似ているが、傘の色が樺色であることから。

ツルタケに似るが、傘は樺色。ツルタケやカバイロツルタケは食用になるが、一般的に利用されることはほとんどない。色鮮やかなタマゴタケは人気があるのに不思議に思う。カバイロツルタケを食べてみたことがあるけれど、うまみや風味にとぼしかった。増量材としての役目しか果たさない気がする。仲間と一緒に山に行くと、その人はあらゆる食用きのこをゲットするのに、カバイロツルタケはスルーする。納得！

平地から山地までよく見かける。

危険な毒きのこ

赤や黄色など、色鮮やかなきのこには毒があり、色の地味なものや柄が縦に裂けるものは食べられると、昔からいわれてきました。しかし、それはまったくの迷信で、外見が食用きのこにそっくりの毒きのこも存在します。一種類ずつ、色や形などの特徴を丹念に覚えていくことが大切です。

【毒きのこ御三家】

きのこによる食中毒の多いベスト3です。一見、地味な色合いでおいしそうですが食べると食中毒を起こします。

カキシメジ
嘔吐、腹痛、下痢などの胃腸系の中毒。

ツキヨタケ
嘔吐、腹痛、下痢などの胃腸系の中毒。

クサウラベニタケ
嘔吐、腹痛、下痢などの胃腸系の中毒。

【どんどん見つかる新手の毒きのこ】

近年に中毒事故が報告され、毒きのこの仲間入りを果たしたきのこもあります。中なかでもカエンタケは死亡事故も起こした最強の毒きのこです。

バライロウラベニイロガワリ
嘔吐、腹痛、下痢などの胃腸系の中毒。

カエンタケ
胃腸系から神経系（呼吸困難、精神錯乱）の症状の後、腎不全や脳障害などを起こし死に至る。

【テングタケ属には要注意！】

ドクツルタケをはじめとするテングタケ属には、猛毒をもつきのこがあるので要注意！　うっかり食べるのは禁物です。

フクロツルタケ
毒性が強く死に至る。

クロタマゴテングタケ
毒性が強く死に至る。

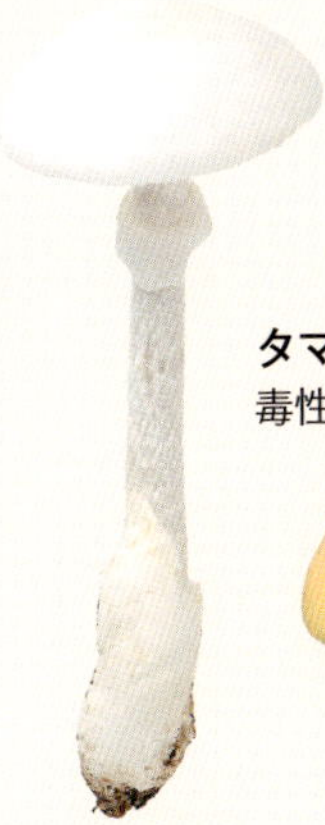

ドクツルタケ
毒性が強く死に至る。

タマゴタケモドキ
毒性が強く死に至る。

タマシロオニタケ
コレラのような胃腸系中毒。

ヘビキノコモドキ
毒性が強く死に至る。

テングタケダマシ
毒性が強く死に至る。

イボテングタケ
胃腸系、神経系の中毒。

テングタケ
胃腸系、神経系の中毒。

ベニテングタケ
胃腸系、神経系の中毒。

ツルタケ
鶴茸

Amanita vaginata
テングタケ科
発生時期：夏〜秋
食用区分：注意（生食は中毒）

菌根性で、マツやブナ、ナラ、シイなどの樹下に発生する。

名前の由来
傘の大きさに対して柄がすっと長く、鶴の立ち姿に見えることから。

時々つぼの破片を傘の上に乗せているツルタケに出会うことがある。

天候の影響などで、柄が少しささくれることもある。

テングタケ属は、柄につば（内皮膜）とつぼ（外皮膜）をもつことで特徴づけられるが、例外もある。ツルタケのようにつばをもたないものもある。傘の放射状の溝線は重要な観察ポイント。テングタケ属は溝線のあるグループとないグループに大別することができる。膜状になったり、パッチ状になったり、つぼは重要な観察ポイント。なかには、粉状になったり、痕跡的だったりして、つぼとはおもえないものまである。テングタケ属は多くの毒きのこを含むので、むやみに食用にすることはやめよう。実際には、タマゴタケ以外のテングタケ属を食用としているのは少数派。

タマゴタケ
卵茸

Amanita hemibapha
テングタケ科
発生時期：夏〜秋
食用区分：食

菌根性で、シイやナラ、ブナ、モミなどの樹下に発生する。

名前の由来
幼菌は、白色の外皮膜（つぼ）に包まれており、まるで卵のように見えることから。

平地から山地まで、いろいろな場所で見つけることのできる色鮮やかなきのこ。毒きのこの多いテングタケ属でありながら食用となるが、毒きのこのベニテングタケやタマゴタケモドキと間違わないように注意が必要。タマゴタケのヒダと柄は黄色を帯びていることを覚えておこう。タマゴタケの鮮やかな色は、料理をするとあせてしまう。新鮮な状態なら、火は弱めに通して色を残すようにすると、素敵な一品に仕上がる。

白いたまご状のつぼの中から、赤い傘が現れる。

シラビソ林に列をつくって並ぶ姿は、とても愛らしい。

ベニテングタケ

紅天狗茸

Amanita muscaria

テングタケ科

発生時期：夏～秋

食用区分：毒

菌根性で、針葉樹や広葉樹いずれにも発生するが、特にカバノキ属の樹下に多く発生する。

名前の由来

恐ろしい毒性から天狗を想像し、傘の赤い表面を天狗の顔に見立てたことから。

　シラカンバやシラビソなどと菌根をつくるため、平地や西日本では見つからない。きのこの煮汁を置いておくと、ハエが寄ってきて、きのこの毒成分で死んでしまう。そのためハエトリタケとも呼ばれる。中毒は致命的ではない。毒抜きをして食用にする地方もある。若気の至りで食べたことがあるが、うまみが強く、タマゴタケなど比べものにならないくらいおいしかった。ドクツルタケなどに含まれるアマニタトキシンが微量に含まれる。アマニタトキシンは内臓の細胞を破壊するので、食べるのは厳禁！

シラカンバのある高原に生えるベニテングタケ。タマゴタケと間違えて食べないように！

イボテングタケ
疣天狗茸

Amanita ibotengutake
テングタケ科
発生時期：夏〜秋
食用区分：毒

菌根性で、おもに針葉樹林に発生する。

名前の由来
テングタケに酷似し、傘の表面に、より立体的なイボがついていることから。

テングタケと混同して扱われていたが、2002年に新種発表された。テングタケより大形になり、つぼは幾重にもリング状にめくれ、傘のイボは、褐色を帯びる傾向にある。テングタケによく似ていて、時には、肉眼的な特徴で判断するのは微妙なときもある。決定には、顕微鏡をのぞくことが必要。ヒダにある担子器という細胞の基部に、クランプという構造の有無を確認する。ベニテングタケやテングタケの主要な毒成分であるイボテン酸は、本種から抽出された。

アカマツ林で見つけたイボテングタケ。

コテングタケモドキ

小天狗茸擬

Amanita pseudoporphyria

テングタケ科

発生時期：夏〜秋

食用区分：毒

菌根性で、シイ、カシなどの広葉樹林に発生する。

名前の由来

コテングタケに色や形がよく似ていることから。

コナラの周りに列をつくって生えるコテングタケモドキ。

猛毒のドクツルタケと近縁のきのこ。胃腸系の中毒と痙攣《けいれん》などの神経系の中毒を起こすとされる。マウスによる実験では毒性が示されているが、中毒例は聞いたことがない。房総の山の中で、コテングタケモドキをかごいっぱいにして歩いている人に出会ったことがある。冗談半分で、いいきのこを採りましたねと声をかけてみたら、このきのこはうまいよねと返ってきた。本当に食べちゃうのだろうか？　あのとき、もっと話をきいておけばよかった。

菌根性で、針葉樹林や広葉樹林ともに発生する。

ドクツルタケ
毒鶴茸

Amanita virosa
テングタケ科
発生時期：夏〜秋
食用区分：猛毒

名前の由来 毒性が強く、鶴の首のように白く長い柄をもつことから。

猛毒きのこナンバーワン。まちがっても食べてはいけない。１本食べると命を落とすことになる。“死の天使”と呼ばれ、恐れられている。中毒を起こすと、コレラの症状があらわれ、１日でいったん回復するが、そのあと内臓の細胞が破壊され死に至る。恐ろしい毒きのこのわりに、平地から山地まで、普通に生えている。2007年に、名古屋の中国人留学生２人があやまって食べて、悲惨なことになったのは記憶に新しい。

全体が真っ白で、林の中でもよく目立つ。

フクロツルタケ

袋鶴茸

Amanita volvata

テングタケ科

発生時期：夏〜秋

食用区分：猛毒

菌根性で、コナラなどの広葉樹の下に発生する。

スダジイの木の下に発生した。

名前の由来 ツルタケのようにツバがなく、柄の基部に大きな厚い袋状の外皮膜(つぼ)をもつことから。

猛毒で、死亡例のあるきのこ。発生時期は夏から秋にかけて。特に真夏の暑い時期でも、元気よく発生する。全体が白色で小鱗片《しょうりんぺん》におおわれている。厚くてりっぱなつぼをもち、つばを欠く。傷つけると赤く変色するのも大きな特徴。傘に溝線がなく、膜質のつぼをもつテングタケ属は、ドクツルタケやフクロツルタケのように猛毒きのこが多く含まれる。また、食毒のわかっていないものもある。まちがっても、自分で確かめてみようなどと思ってはいけない。

シロオニタケ
白鬼茸

Amanita virgineoides
テングタケ科
発生時期：夏〜秋
食用区分：不明

菌根性で、コナラなどの広葉樹の下に発生する。

名前の由来
色が白く膨らんでいる柄の基部を、鬼が持つ棍棒に見立てたことから。

真っ白で、とげとげにおおわれたきのこ。特に若いときは、可愛らしい。大好きなきのこの一つなのだが、近所の林では、散歩している人に、よく蹴飛ばされてしまう。白くてよく目立つし、とげとげしたところが、なんとなく反感をかうのだろうか。大きく開いた傘の突起は、雨が降るとすぐにとれてしまう。撮影するのは雨の降る前、タイミングをのがさないように。きのこ自体には独特のにおいがある。乾燥させると、さらに強いにおいになる。よくあるきのこなのに、食毒はわかっていない。

シラカシの下に発生した。

カラカサタケ

唐傘茸

Macrolepiota procera
ハラタケ科
発生時期：夏〜秋
食用区分：注意（生食は中毒）

腐生性で、森林や竹林、草地などに発生する。

チップを撒いた場所に発生した。

名前の由来
中央がやや突出した平たい大きな傘が、唐傘のように見えることから。

傘の径が20cmほどにもなる大きなきのこ。食用になる。あまりにも大きいので、持って帰るのがたいへん。傘の肉は綿状で弾性があるから、にぎってももとにもどる。傘だけを切りとって、まるめて持ち帰ったことから、ニギリタケとも呼ばれる。ほかのきのこでやろうとすると、傘はばらばらになってしまう。カラカサタケは大きな傘を広げるために、いろいろと知恵をしぼっているように思える。傘を軽量化して、堅い柄で支える。柄の基部が膨らんでいるのも地面にしっかり密着するのに役立つだろう。

オオシロカラカサタケ

大白唐傘茸

Chlorophyllum molybdites
ハラタケ科
発生時期：夏～秋
食用区分：猛毒

腐生性で、芝生や草地などに発生する。

名前の由来
カラカサタケの仲間で、傘は白色で大きく、唐傘のように中央がやや突出して開くことから。

カラカサタケなどは、食用にされることも多く、特にヨーロッパではパラソルマッシュルームと呼んで親しまれている。だが、オオシロカラカサタケやドクカラカサタケなど、カラカサタケに似ている毒きのこもいくつかあるので注意が必要。オオシロカラカサタケは探してもなかなか見つけることのできないきのこの一つだった。だが、最近は普通に見つけられるようになった。車を運転していて、畑のわきに生えているのを見かけたりする。熱帯～亜熱帯を中心に分布しているきのこだが、温暖化にともなって、分布域を広げているといわれている。

畑に生えるオオシロカラカサタケ。

ムジナタケ

貉茸

Lacrymaria lacrymabunda

ナヨタケ科

発生時期：夏〜秋

食用区分：食

腐生性で、林内や草地、道端などに発生する。

以前、ナヨタケ属はヒトヨタケ属などとともにヒトヨタケ科を構成していた。ところが、遺伝子の情報によって、ヒトヨタケ属は多様な集まりだということがわかり、いくつかの属に細分化された。ヒトヨタケ属の基準種であったササクレヒトヨタケは、実は、見当違いのハラタケ科に近縁だという驚くべきことがわかった。その結果ヒトヨタケ科という名前は消滅して、ナヨタケ科が肩代わりすることになった。ナヨタケ属のきのこには、ムジナタケをはじめ、イタチタケ、ムササビタケと動物の名前のつくものが3つある。

名前の由来

茶褐色で繊維状のささくれがあって、タヌキ(ムジナ)の毛皮を思わせることから。

食用になるというが、まずそうに見えるのでまだ食べたことがない。

コキララタケ
小雲母茸

Coprinellus radians

ナヨタケ科

発生時期：夏〜秋

食用区分：食

腐生性で、広葉樹の切り株や倒木上などに発生する。

名前の由来
傘の表面にある雲母状の鱗片が、きらきら光って見えることから。

傘を広げたコキララタケ。

オレンジ色のマットをつくる。

ヒトヨタケ属を同定する場合、幼菌の傘表面の、皮膜の有無が重要だったりする。また、皮膜のある場合、雲母状、ふけ状、綿くず状、繊維状、粉状など、皮膜をよく観察する必要がある。さらに顕微鏡があると、詳細な情報が得られる。キララタケは、雲母状の粉被におおわれ、きらきらしている。コキララタケは、綿くず状〜ふけ状の皮膜におおわれ、胞子の大きさは、ほんのちょっと小さい。

腐生性で、道端や公園などに発生する。

ヒトヨタケ
一夜茸

Coprinus atramentarius
ナヨタケ科
発生時期：春～秋
食用区分：注意
（飲酒の前後に食べると中毒）

名前の由来
生長すると、一夜にして傘の縁が墨汁液状となり、とけてなくなってしまうことから。

ヒダは、初めは白いが、胞子が成熟すると黒っぽくなってくる。すると、自分自身の酵素でヒダを溶かしてしまう。傘から黒いインクが垂れているように見える。やがて柄だけがぽつんと残る。ヒトヨタケの仲間には小形のものも多い。小形のものは、１日で傘を広げたと思ったらすぐに溶けてなくなってしまう。ヒトヨタケの幼菌は食用になるが、私はまだ食べたことがない。お酒と一緒に食べると中毒を起こして悪酔い状態になるからだ。

傘を平らに広げたものは溶けかかっている。

サケツバタケ

裂鍔茸

Stropharia rugosoannulata

モエギタケ科

発生時期：春〜秋

食用区分：食

腐生性で、道端や畑地、牧場などに発生する。

名前の由来 柄に残った内皮膜であるつば（鍔）が星形に裂けることから。

公園などに撒かれたチップに大量発生することがある。散歩している人に蹴飛ばされやすいきのこ。チップが分解されてしまうと、あっという間に姿を消して、発生しなくなる。ウシやウマの糞上に発生するそうだが、なかなかウシやウマの糞をじかに見る機会がないので、確認できていない。歯ごたえがよく食用きのこの逸品といえる。マッシュルームもそうだが、なぜか糞上に発生するきのこは味がよくておいしい。

撒かれたチップに大量発生したサケツバタケ。

モエギタケ

萌黄茸

Stropharia aeruginosa
モエギタケ科
発生時期：夏〜初冬
食用区分：不明

腐生性で、おもに林内の地上に発生する。

名前の由来
生長すると美しい萌黄色になることから。

森で出会うモエギタケの緑色は、神秘的でとても美しい。

緑色をしたきのこは、あまりない。ワカクサタケ、アイタケぐらいだろうか。緑色のきのこを見つけると、とてもうれしい。思わず写真を撮ってしまう。モエギタケも若いときは美しい緑色をしている。生長してくると、傘表面は、粘液を失うにつれ萌黄色を帯びてくる。発生時期が夏〜初冬と長い。冬がおしせまってきて、きのこが少なくなってきた森のなか、ひっそりとモエギタケに出会うことがある。

ニガクリタケ

苦栗茸

Hypholoma fasciculare

モエギタケ科

発生時期：春〜秋

食用区分：猛毒

腐生性で、広葉樹及び針葉樹の枯幹や切り株に発生する。

名前の由来 小さいが苦みが強く、クリタケに似ていることから。

黄色くて可愛いきのこだが、毒性の強いきのこ。死亡事故も発生している。広葉樹にも針葉樹にも、いろいろな枯れ木から発生し、発生期間も長い。見かける機会の多いきのこだ。それなのに、中毒件数はそれほど多くない。味が苦くてまずいので、なかなか食べる人がいないのだろう。食用きのこのクリタケとまちがわないように注意が必要。迷ったら、少しかじってみるといい。きのこの場合、味と香りの記録をとることは常識だ。かじったきのこは、そのまま飲み込んではいけない。中毒を起こしてしまうかも。

地面に埋まっている枯れ木から生えたニガクリタケ。

コナラの枯れ木に生えると、傘のレモンイエローがとても印象的。

クリタケ
栗茸

Hypholoma sublateritium
モエギタケ科
発生時期：秋
食用区分：食

腐生性で、クリやコナラ、ブナなどの広葉樹の枯幹、倒木、切り株に発生する。

名前の由来 特にクリの木に多く発生し、栗色であることから。

秋のきのこシーズンの中盤から発生をはじめる。クリタケを見ると、秋もだいぶ深まってきたなと感じる。味噌汁に入れると、ナメコのようにぬめりがないので、物足りない感じがする。油を使った料理には合うようだ。また、いったん乾燥させてから使うと、よいだしがとれる。色には変異があり、まるで栗のような色をしたものもあれば、くすんだ渋い色をしたものもある。

ブナの枯れ木に発生したクリタケ。

スギタケ
杉茸

Pholiota squarrosa
モエギタケ科
発生時期：夏〜秋
食用区分：注意（体質により中毒）

腐生性で、道端や公園などに発生する。

ハタケシメジと一緒に生えるスギタケ。

名前の由来
柄や傘のささくれた鱗片が、杉の幹のように見えることから。

スギタケ属は、ナメコをはじめ、チャナメツムタケ、ヌメリスギタケなどの食用きのこを含む。スギタケは食用にされることもあるが、人によって、下痢や腹痛などの中毒を起すので注意が必要。スギタケ属の分類は、まだまだ十分とはいえず、いくつかの種が混同されている可能性もある。スギタケモドキ、ヌメリスギタケ、ヌメリスギタケモドキとややこしい名前がつづく。傘と柄の粘性の有無を確認することがポイント。

ナメコ
滑子

Pholiota nameko
モエギタケ科
発生時期：秋
食用区分：食

腐生性で、ブナやコナラ、ミズナラなどの広葉樹の枯幹、倒木、切り株に発生する。

名前の由来
全体が粘液におおわれ、ぬるっとしていることから滑らっこが転訛した。

大好きな味噌汁の具といえば豆腐とナメコ。黄金の組み合わせである。初めて天然のナメコを見たとき、ビニールのパックに詰められた丸いきのこ、というイメージが覆された。ちゃんと立派に傘を広げたきのこの形。味噌汁にするといつものナメコの倍以上の香りと味わい。おいしかったのがしょうゆとバターで味つけしたナメコ丼……。ナメコといえばおいしかった思い出でいっぱい。雨上がり、大きなブナの枯れ木にびっちりと傘を広げてきらきらとしずくをまとった姿は森の妖精のようだった。

コナラの枯れ木にたくさん生えたナメコ。

乾燥してくると、ナメコの特徴である粘性があまりわからなくなる。

オオキヌハダトマヤタケ
大絹肌苫屋茸

Inocybe fastigiata
アセタケ科
発生時期：夏〜秋
食用区分：毒

菌根性で、ブナ科の樹下に発生する。

名前の由来
傘や柄の表面が絹肌のようで、傘の形状が苫で屋根を葺いた苫《とま》屋《や》に似ているきのこの意。

最近は、ほとんど見ることのできない苫屋。私のパソコンでは漢字変換もしてくれない。アセタケ属の多くは、傘が円錐形となり、繊維状の表面をしている。慣れてくると、ひと目でアセタケ属だとわかるようになる。だが、アセタケ属は種類が多く、日本でも300種類くらいあるので、同定するには顕微鏡観察が必要となる。また、毒きのこを多く含み、中毒を起こすと発熱と発汗が続く。

注意深く探すと小さなアセタケ属のきのこをいろいろ見つけることができる。

ショウゲンジ
正源寺

Cortinarius caperatus
フウセンタケ科
発生時期：秋
食用区分：食

菌根性で、おもにアカマツなどの針葉樹林に発生する。

名前の由来
正源寺のお坊さんが最初に食べ、食用になることを広めたという説に由来する。

苔むした森の奥に小さい虚無僧《こむそう》の群れ。ショウゲンジである。先のすぼまった傘を目深にかぶった丸い姿は、きのこ好きにはたまらない可愛らしさである。点々と生える姿を追いかけるのは楽しい。初めて出会ったのは富士山だった。いかにもおいしそうで、やった～！と集めたけれど味はよく覚えていない。淡白で特徴があまりないようだ？ 山のお坊様はおとなしいのだ。

アカマツ林で見つけたショウゲンジ。

オオツガタケ

大栂茸

Cortinarius claricolor
フウセンタケ科
発生時期：夏〜秋
食用区分：食

菌根性で、コメツガやシラカンバなどの下に発生する。

名前の由来 大形のきのこでおもにコメツガに発生することから。

一番おいしいきのこはなに？という質問に、いつも返答に困る。新潟のきのこ仲間は、迷うことなくオオツガタケと答える。ホイル焼きにしてほおばったときのおいしさ、あのジューシーさは、どんなきのこでもかなわない。フウセンタケ属の横綱といったら、オオツガタケとムレオオフウセンタケ。両者を同時に味わったことがある。甲乙つけがたい。好みの分かれるところだが、私としては、さわやかな香りのあるオオツガタケに軍配をあげた。

列をつくって生えるオオツガタケ。

クリフウセンタケ

栗風船茸

Cortinarius tenuipes

フウセンタケ科

発生時期：秋

食用区分：食

菌根性で、コナラやミズナラなどの広葉樹林内に発生する。

名前の由来

栗色のきのこで、幼菌のとき、縁が内側に巻いた様子を風船に見立てたことから。

ミズナラ林に列をつくって生えていたクリフウセンタケ。

フウセンタケ属のきのこは、柄に cortina というクモの巣状の膜をもつ。フウセンタケ属の学名 Cortinarius の由来だ。初心者でもフウセンタケ属だということは簡単に認識しやすい。だが、たくさんの種があって、まだまだ名前もついていないものも多いので、同定するのは困難な場合がほとんど。なかには、フウセンタケ属のきのこは毒がないと思って、かたっぱしから食用にしてしまう人もいる。じつは、フウセンタケ属にも毒きのこがあるから注意が必要だ。

オオワライタケ

大笑茸

Gymnopilus spectabilis
所属未確定
発生時期：夏〜秋
食用区分：毒

腐生性で、ミズナラ、シイなどの枯れ木に発生する。

名前の由来
顔が引きつり笑っているように見える中毒症状が発生することから。

ワライタケは誤食すると、一時的に神経系統をおかされ、幻覚を見たりすることがある。日本のオオワライタケは、ワライタケと同様に、幻覚を見ることがあるともいわれていた。オオワライタケは苦いので、中毒を起こすまで食べるのは、たいへんなことだろうと想像する。法律で、所持することさえ禁止されているきのこもある。麻薬成分を含んでいるヒカゲシビレタケなどだが、狩らないようにしよう。

ミズナラの倒木に生えるオオワライタケ。

ひだは明るい錆色で、柄につばをもつ。

クサウラベニタケ
臭裏紅茸

Entoloma rhodopolium
イッポンシメジ科
発生時期：夏～秋
食用区分：毒

腐生性で、コナラやクヌギなどの広葉樹林や、マツの混じった林内地上に発生する。

名前の由来　成熟するとヒダ（傘の裏）が淡紅色になり、粉臭があることから。

カキシメジ、ツキヨタケ、クサウラベニタケで“毒きのこ御三家”といわれ、中毒事故の多いきのこ。地味な姿で食欲をそそる。ハタケシメジやホンシメジとまちがわれる。ハタケシメジやホンシメジのヒダは白色だが、クサウラベニタケはピンク色を帯びているので区別できる。だが、幼菌のときは白色なので注意が必要。食用きのこのウラベニホテイシメジのヒダはピンク色を帯びるので、この法則は通用しない。傘の表面状態にちがいがあるが、慣れるまで経験が必要。

シメジっぽい姿はおいしそうに見えるが毒きのこ。

ハナイグチ
花猪口

Suillus grevillei
イグチ科
発生時期：夏～秋
食用区分：食

菌根性で、カラマツ林内の地上に発生する。

名前の由来
花のように可憐なイグチ科のきのこの意。イグチは傘の裏に開いている穴を猪の口(鼻先)に見立てた。

林道の斜面でたくさん見つけたハナイグチ。

カラマツ林に生える食用きのこ。北海道ではラクヨウ、長野ではジコボウといわれ人気が高い。傘にぬめりがあるので汁物に合い、山梨ではかぼちゃとハナイグチを入れたほうとうが極上とされる。イグチ類の傘の裏は、典型的なものはヒダ状ではなく管孔状になるのが特徴。傘をひっくり返して、たくさんの孔があいていればイグチ類の可能性が高い。ウラトリと呼んで、管孔を傘からはぎとって食用にする地方もある。

菌根性で、コナラなどの広葉樹林の地上に発生する。

ヤマドリタケモドキ
山鳥茸擬

Boletus reticulatus
イグチ科
発生時期：夏〜秋
食用区分：食

名前の由来
山鳥の羽の色に似ていることから。

ヤマドリタケはヨーロッパで、ポルチーニとかセップといわれ、人気の高いきのこ。スーパーのパスタ売り場には、乾燥ポルチーニが並んでいる。乾燥品をはじめて食べたとき、このにおいって、普通にきのこ標本のにおいじゃないかと、少々がっかりした。でも、乾燥ポルチーニは香ばしくて、クリームソースにするとすばらしかった。ヤマドリタケは、コメツガやシラビソの生える亜高山帯のきのこだけれど、平地ではヤマドリタケモドキがよく生える。

柄の網目模用が印象的なきのこ。

ムラサキヤマドリタケ

紫山鳥茸

Boletus violaceofuscus

ヌメリイグチ科

発生時期：夏〜秋

食用区分：食

菌根性で、コナラやシイなどブナ科を主とした広葉樹林に発生する。

名前の由来 傘、柄ともに紫色のヤマドリタケ属のきのこに由来する。

森の中で目立たない紫色のきのこ。

まだ暑さの残る森をカを追い払いながらてくてく歩くと、よく見ると生えている。地面の色に隠れるような濃い紫色の独特の色彩だ。一見食べられそうには見えないのだけれど、味も香りも歯ごたえもすばらしいおいしいきのこ。意外と個体差もあって、紫にきれいな斑点の入ったものが典型だが、焼き目を入れたどら焼きみたいなものもある。絵になるような面白いきのこである。

ドクヤマドリ

毒山鳥

Boletus venenatus

イグチ科

発生時期：夏〜秋

食用区分：毒

菌根性で、亜高山帯のシラビソ、コメツガ林の地上に発生する。

名前の由来 山鳥の羽の色に似ている毒きのこに由来する。

ヨーロッパでは、サタヌスと呼ばれる毒のイグチが有名だ。しかし、かつての日本では毒のイグチは知られていなかった。きのこの大先輩がこっそりと話してくれたが、りっぱなドクヤマドリをおいしくいただいたそうだ。いうまでもなく地獄が待ち受けていた。その後、図鑑には、毒のイグチとしてこのドクヤマドリが紹介されるようになった。大先輩は、オオシロカラカサタケなど、いくつかの毒きのこも経験しているそうだ。

まだ若いドクヤマドリ。

バライロウラベニイロガワリ

薔薇色裏紅色変

Boletus rhodocarpus

イグチ科

発生時期：夏〜秋

食用区分：毒

菌根性で、亜高山帯のシラビソ、コメツガ林の地上に発生する。

名前の由来

全体が薔薇色で、傘の裏が紅色。肉は青色に変色することから。

美しい薔薇色の毒きのこ。

思い出深い毒イグチだ。富士山でよく見かける美しくてりっぱなイグチだが、以前は名前がわからなかった。写真を撮っている最中に、味と香りを確かめた。1cmほどの傘の肉を口に放り込んだ。味はマイルド、パスタにして食べたらおいしそうだ。午後になって、ツキヨタケの撮影をしていたとき、気持ち悪くなってきた。ツキヨタケの胞子にやられたのか？などと考えはじめた。味見したイグチを飲み込んでしまったことを思い出した。その後、吐き気が続き、胃の激痛は3日間ほど続いた。地獄の苦しみだった。のちに、バライロウラベニイロガワリという名前で新種記載された。

アカヤマドリ

赤山鳥

Leccinum extremiorientale

イグチ科

発生時期：夏〜秋

食用区分：食

菌根性で、コナラやミズナラ、シイなどの樹下に発生する。

名前の由来

赤みを帯びた褐色で、山鳥の羽の色に似ていることから。

　でかっ！　とにかくまず大きさにびっくりしてしまうアカヤマドリ。真上から見るとフライパンいっぱいにつくったパンケーキみたい。ほどよい狐色にふっくら焼けたおいしそうなやつね。コドモのうちからけっこう大きいが、それはそれでマイクのような形が可愛い。特徴的なオレンジ色はお料理すると溶け出してほかの食材も黄色く染める。サフランでも使ったかのよう。サフラン以上にご機嫌なのがその味！　初めて食べたときはこんなにおいしいきのこがあったのかとびっくりした。

近所の林で毎年出会える食用きのこ。

アオネノヤマイグチ

青根山猪口

Leccinum variicolor

イグチ科

発生時期：夏〜秋

食用区分：食

菌根性で、シラカンバなどのカバノキ属の樹下に発生する。

すらっとした美しいプロポーション。

名前の由来

柄の基部が青く変色する、ヤマイグチ属のきのこに由来する。

ヤマイグチ属の多くは、柄が長く、表面に細鱗片があり、手でこすると、細鱗片が暗色になる特徴をもつ。食用にした場合、柄の肉は堅く、やや繊維質なので、あまりおいしいとはいえないが、傘はおいしい。カバノキ属の樹下は、ヤマイグチ属の宝庫。ヤマイグチ、キンチャヤマイグチ、シロヤマイグチなどいろいろ生える。そのなかでも、アオネノヤマイグチが最も普通に見られる。柄の基部のあたりの肉が青く変色するのが特徴だが、あまり変色しない個体もある。

ミドリニガイグチ

緑苦猪口

Tylopilus virens

イグチ科

発生時期：夏〜秋

食用区分：食

菌根性で、アカマツやコナラ林、シイ林などの地上に発生する。

名前の由来

鶯色《うぐいすいろ》から帯緑褐色の、ニガイグチ属のきのこに由来する。

ニガイグチ属はヤマドリタケ属と見た感じが似ているが、肉に苦みのあるものが多い。まちがって、料理に入れてしまうと、苦くてだいなしになってしまう。よく見ると、成熟したきのこの管孔は、ピンク色を帯びていることが多い。ヤマドリタケ属はオリーブ色を帯びるので区別点となる。ニガイグチ属のなかにも苦くないものがあり、ミドリニガイグチ、アケボノアワタケ、ホオベニシロアシイグチなどは食用になる。

シラカシの下で見つけた。

コオニイグチ

小鬼猪口

Strobilomyces seminudus

イグチ科

発生時期：夏〜秋

食用区分：食

菌根性で、おもにコナラなどのブナ科の樹下に発生する。

名前の由来

イグチ科のきのこで、胞子がオニイグチより小さいこと。また、全体をおおう鱗片状のささくれを鬼の角に見立てたことから。

地味で見つけにくいコオニイグチ。

真夏の暑い時期にも、よく発生する。黒い鱗片をつけた姿は特徴的。肉は空気にふれると赤く変色し、しだいに黒くなっていく。オニイグチ、オニイグチモドキも同じような特徴をもち、同定するのは、顕微鏡を使用しての観察が必要。食用になるが、ほとんど黒っぽくなるので、ビジュアル的には劣るものがある。

アシナガイグチ
足長猪口

Boletellus elatus
イグチ科
発生時期：夏〜秋
食用区分：不明

菌根性で、ブナ科の樹下に発生する。

傘の大きさに対して、柄がびっくりするほど長くてりっぱなきのこ。これほどまでに柄の長いイグチはほかに見ることはない。傘を高くあげて、胞子を遠くに飛ばそうと思ったのだろうか？　ときどき、傘の重さに耐えかねたのか、柄がぐにゃりと曲がった個体を見かけることもある。

柄が長く、生えている姿も異様。

名前の由来
柄が長く、イグチの仲間であることから。

オオキノボリイグチ
大木登猪口

Boletellus mirabilis

イグチ科

発生時期：夏〜秋

食用区分：食

菌根性で、亜高山帯の針葉樹、特にコメツガの腐《ふ》朽《きゅう》木《ぼく》やその付近に発生する。

名前の由来

イグチの仲間には珍しく、大形で枯れ木を登るように発生することから。

傘の斑点模様がトレードマーク。柄の網目といい、ずんぐりしたプロポーションといい、私の好みのきのこだ。出会うと必ず撮影する。平地には発生しない。コメツガなどの生える亜高山帯のきのこ。腐《ふ》朽《きゅう》がすすんだ材やその周辺に発生していることが多い。キノボリイグチも、枯れ木に登って生えていることがある。だが、オオキノボリイグチもキノボリイグチも腐生性ではなく菌根性のきのこ。

ぬいぐるみのような模様が可愛い。

不思議なきのこ

きのこは森や林の地面や枯れ木、落ち葉から生えるものが多いですが、
なかには思わぬところから生えてくる不思議なきのこがあります。

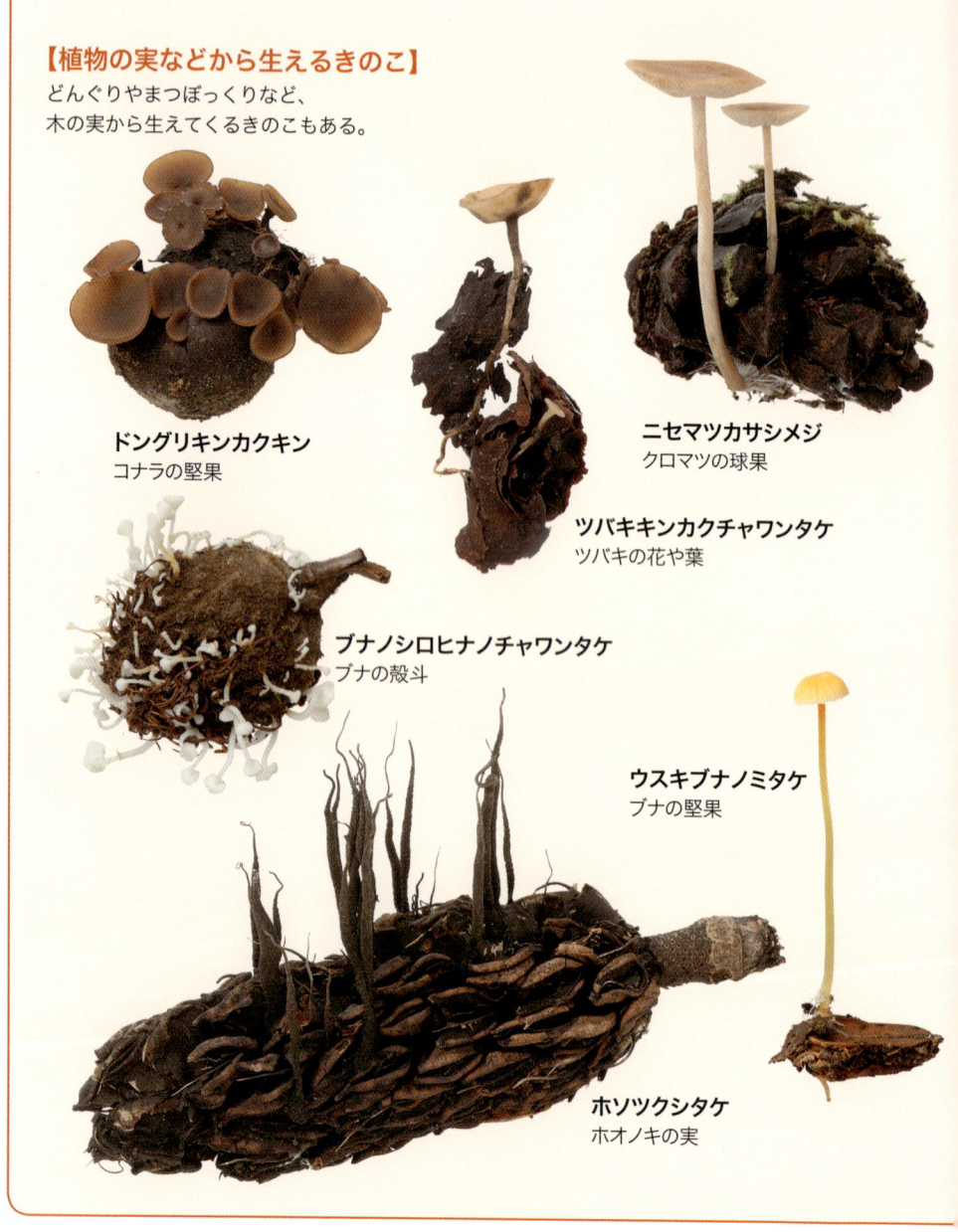

【植物の実などから生えるきのこ】

どんぐりやまつぼっくりなど、
木の実から生えてくるきのこもある。

ドングリキンカクキン
コナラの堅果

ツバキキンカクチャワンタケ
ツバキの花や葉

ニセマツカサシメジ
クロマツの球果

ブナノシロヒナノチャワンタケ
ブナの殻斗

ウスキブナノミタケ
ブナの堅果

ホソツクシタケ
ホオノキの実

【昆虫やクモから生えるきのこ】

昆虫の生きた体の中に寄生し、それを殺して生えてくるきのこのことを冬《とう》虫《ちゅう》夏《か》草《そう》という。

サナギタケ
蛾のサナギ

ツクツクボウシタケ
セミの幼虫(ツクツクボウシ)

アワフキムシタケ
アワフキムシ

クモタケ
キシノウエトタテグモ

【きのこから生えるきのこ】

きのこに寄生するきのこがあります。ヤグラタケは寄生ではなく、ただクロハツに発生したとされています。

タマノリイグチ
ツチグリ

タンポタケ
ツチダンゴ

ヤグラタケ
クロハツ

クロハツ

黒初

Russula nigricans
ベニタケ科
発生時期：夏〜秋
食用区分：食

菌根性で、クヌギやコナラ、ブナなどの広葉樹林や、トウヒ、マツ、モミなどの針葉樹林内の地上に発生する。

名前の由来
傘の黒いハツタケの仲間で、他のきのこより早く発生するからハツタケ。

ベニタケ科は、種類が豊富で、森の中で大小の様々な傘を広げる。きのこ狩り初心者は、大きくてりっぱなベニタケ科のきのこをとってくる。だが、ベニタケ科は同定するのが困難。きのこがわかってくると、しだいにベニタケ科をスルーするようになる。ベニタケ科は、球形細胞を多く含んでいるので、肉はぼそぼそとしている。柄はきれいに縦に裂けない。傷つけると乳液の出てくるものはチチタケ属、出ないものはベニタケ属。クロハツの傘にはヤグラタケが生えることがある。

食用となるが、類似の猛毒きのこがあるので要注意。

チチタケ

乳茸

Lactarius volemus

ベニタケ科

発生時期：夏〜秋

食用区分：食

菌根性で、おもに広葉樹の樹下に発生する。

名前の由来 傷つけると白い乳液を滴らせることから。

チチタケを触ると、手が乳液でべとべとになる。

地方によって、人気のきのこはちがう。私のいる千葉県ではハツタケ。歯ごたえはぼそぼそしているので、食べない地方は多い。でも、ハツタケご飯はいいだしが出ておいしい。埼玉ではウラベニホテイシメジ、神奈川や静岡ではナラタケ、栃木県ではチチタケ。私は、チチタケをおいしいと思わないから食べないが、なすと一緒に油でよく炒め、うどんのつゆにするといいだしが出るらしい。栃木方面へ行くと、よく「ちたけうどんあります」の看板を目にする。一度、食べてみようかな。

ヒラタケ

平茸

Pleurotus ostreatus

ヒラタケ科

発生時期：晩秋〜春

食用区分：食用

腐生性で、おもに広葉樹の枯れ木や切り株などに発生する。

名前の由来 傘の形が扁平状、またはへら状に開くことによる。

冬が間近になってくると、枯れ木から生えているのを見かけるようになる。公園や街路樹など、身近なところにも生える。雪がちらつくような時期に生えてくるものは、肉厚になって、寒茸とも呼ばれ、シチューや煮込み料理にすると、しっかりとした歯ごたえとともに格別の味わいがある。私にとってヒラタケは、きのこシーズンの締めとなるきのこだ。関東の冬は乾燥している。寿命のつきたヒラタケが、からからになって枯れ木にはりついている。私はこっそり“乾茸”と呼んでいる。

積雪があってもヒラタケはすくすくと育つ。

紅葉した林の中、ヒラタケを探して歩くのはとても楽しい。

タモギタケ

楡茸

Pleurotus citrinopileatus

ヒラタケ科

発生時期：初夏〜秋

食用区分：食

腐生性で、ハルニレなどの倒木や切り株に発生する。

名前の由来 タモと呼ばれるハルニレの切り株や、倒木に発生することから。

傘を大きく広げたタモギタケ。

鮮やかな黄色が特徴的なきのこだが、ハルニレなどの枯れ木に生えるため、場所によっては全く見つからない。ハルニレは北海道や本州の標高の高いところに分布している。大木になったハルニレの生える森を歩いたとき、木の上のほうにタモギタケがたくさん生えていた。よく見ると、煙のように胞子を散布していた。タモギタケは食用にもなり、栽培もされている。生のときは、独特のにおいがあるが、料理をすると、いいにおいに変貌する。

ハルニレの大きな倒木上に広げた黄色い傘は、鮮やかで美しい。

ツキヨタケ
月夜茸

Lampteromyces japonicus
ツキヨタケ科
発生時期：夏〜秋
食用区分：毒

腐生性で、ブナやイタヤカエデなどの枯れ木に、多数重なり合って発生する。

名前の由来 ヒダが暗闇でほんのり発光することから。

最近の日本で、中毒例が最も多いきのこ。食用にされるヒラタケ、ムキタケ、シイタケなどとまちがってしまう。ブナの枯れ木に、びっしりと傘を重ねて生える姿は見事。手にとって見ると、ちっとも毒々しさがなく、このきのこは食べられるにちがいない。あんなに生えているのに、スルーするわけにはいかない。そんな気持ちになってくる。食欲が勝らないように気をつけたい。闇夜のブナ林では、ひっそりと青白く光るツキヨタケを見ることができる。

まだ若いツキヨタケ。シイタケのようにも見える。

ブナの森でひっそりと発光する。長時間露光で撮影。

ブナの枯れ木に大量発生したツキヨタケ。おいしそうに見えるが毒きのこ。

ムキタケ

剥茸

Sarcomyxa serotina
ガマノホタケ科
発生時期：秋
食用区分：食

腐生性で、広葉樹の枯れ木に多数重なって発生する。

名前の由来
傘の表皮にビロードのような細かい毛が生えており、皮を剥きやすいことから。

ブナ帯では普通にあるが、関東ではほとんどみかけない。コナラ、ミズナラ、ブナなどの枯れ木に生える。毒きのこのツキヨタケと一緒に生えていることもあるのでまちがわないようにしよう。傘の表皮がつるっと剝けやすい。表皮のすぐ下に薄くゼラチン層があるためだ。収穫量も多く、鍋などの汁物に入れるとおいしい。だが、淡白な味なので、入れ過ぎるとあきてくるので注意。緑色を帯びたものがオクムキという名前で新種報告された。

ムキタケは晩秋の食用きのこ。

コナラの枯れ木に重なり合って生えるムキタケ。

菌根性で、おもにブナ科の樹下に発生する。

クロラッパタケ
黒喇叭茸

Craterellus cornucopioides
アンズタケ科
発生時期：夏〜秋
食用区分：注意
（食べ過ぎると腸閉塞を起こす）

名前の由来
細長いラッパのような形をした、黒いきのこに由来する。

見つけるのがむずかしいきのこ。黒いし薄くて柔らかく落ち葉みたい。けれどその見た目に反してとてもおいしい。以前、ベルギーを旅したとき、スーパーで 15 × 10cm ほどのパックに山盛りギュウギュウに詰め込まれて売られているクロラッパタケを見つけた。夢のよう！　白身魚をムニエルにして、クロラッパタケをたっぷり使ったソースをかけて食べた。おいしかったな〜。ヨーロッパでは日常的に売られているのだろうか？　たまたま運よく出会ったのかな？

地面に紛れ、見つけるのが難しい。

ウスタケ
臼茸

Gomphus floccosus
ラッパタケ科
発生時期：夏～秋
食用区分：毒

菌根性で、針葉樹林（モミ類）内の地上に発生する。

モミの下に生えるウスタケ。

名前の由来 傘が、臼のようにへこんでいることから。

雨上がりの森を歩くと、ラッパ状のへこんだ部分に、雨水をいっぱいためたウスタケを見つけることができる。味のいいきのこで、以前は食用にされていた。きのこ屋さんに並んでいるのを見たこともある。だが、軽度の下痢をする毒きのこ。毒成分は水に溶けやすいので、ゆでこぼせば食べられるともいう。

実は、ウスタケを食べたことがある。ゆでこぼさずにそのままオムレツにしたらとってもおいしかった。すると、吐き気などの体調異常はなかったけれど、1回だけ下痢をした。

ホウキタケ
箒茸

Ramaria botrytis
ホウキタケ科
発生時期：秋
食用区分：食

菌根性で、アカマツなどの針葉樹林内の地上に発生する。

　ホウキタケ属は、サンゴのような形をしたきのこ。色は、白色、ピンク色、黄色、赤色などさまざまで、カラフルなものも多い。胞子は茶色っぽいので、成熟した個体はくすんだ色になってくる。幼菌と老菌でがらっと印象がちがうことも。優秀な食用きのこを含むいっぽうで、キホウキタケ、ハナホウキタケなど、下痢や腹痛をひき起こす毒きのこもある。毎年秋になると、房総の山の中できのこ合宿をするのだが、管理人さんが、いろいろなホウキタケ属をかたっぱしから鍋に放り込んでいく。いまだに中毒を起こしたことはない。

名前の由来
きのこの形が箒状であることから。

アカマツの林で見つけた、列をつくって生えるホウキタケ。

シロカノシタ

白鹿舌

Hydnum repandum var. album

ハリタケ科

発生時期：夏〜秋

食用区分：食

菌根性で、おもにブナ科の樹下に発生する。

名前の由来　色が白く、傘の裏に針が密生している様子が、鹿の舌のように見えることから。

コナラ林の地上に生えたシロカノシタ。

カノシタは全体が淡褐色をしているのに対して、シロカノシタは全体が白色。カノシタの変種として扱われている。カノシタは標高の高いところで見かけるが、シロカノシタは平地など身近なところでよく見かける。地面にべたっと生えているので、傘をひっくり返すまではカノシタだと気づきにくい。肉はもろくすぐにこわれてしまう。食用になり、火を通すと、肉は弾力が出てきておいしい。

カノシタ
鹿舌

Hydnum repandum
ハリタケ科
発生時期：夏～秋
食用区分：食

腐生性で、おもに針葉樹林の地上に発生する。

　きのこは傘の裏に胞子をつくる。胞子をつくるところを子実層と呼ぶ。胞子をよりたくさんつくるには子実層の表面積を増やせばいい。こうしてヒダ状になったり、イグチのように管孔状になった。カノシタやブナハリタケのように針状になったものもある。子実層が雨で濡れてしまうと、胞子を遠くに飛ばすことができない。このためきのこの傘は、雨から子実層を守るために、本来の傘のような使い方をしている。

名前の由来
傘の裏側に針が密生している様子が、鹿の舌のように見えることから。

傘だけ見ると普通のきのこに見えるが、傘の裏は針状。

ブナハリタケ

山毛欅針茸

Mycoleptodonoides aitchisonii

エゾハリタケ科

発生時期：秋

食用区分：食

腐生性で、ブナの枯れ木におびただしく重なり合って発生する。

　ブナの枯れ木に重なり合って生えるきのこ。富士山で、軽トラの荷台にブナハリタケを満載したおじさんに出会ったことがある。そのおじさんは山形出身で、とにかくブナハリタケが最高で、煮物にして食べるという。山形の人はみんな大好きだという。ブナハリタケには一種独特のさわやかな香りがあって、慣れないと、この香りが気になってしまう。歯ごたえも、やや革っぽい感じ。個人的には、スルーしたいきのこ。

名前の由来

おもにブナの枯れ木に発生し、傘の下面に針がびっしりと生えていることから。

ブナの枯れ木に生えるブナハリタケ。

クロカワ
黒皮

Boletopsis leucomelaena
イボタケ科
発生時期：秋
食用区分：食

菌根性で、マツやモミ林などの地上に発生する。

味は苦くても、食用にするきのこはいくつかある。サクラシメジやウラベニホテイシメジは、いったんゆでこぼしてから、料理に使ったり、苦みをかくす努力がされる。しかし、クロカワは苦みを積極的に味わうきのこ。しょうゆで焼いただけ、シンプルな料理でかまわない。噛みしめると、苦みとともにぎゅっとしたうまみが口の中に広がる。山梨ではクロットと呼んだほうが通用する。大根おろしとあえて食べることが多い。好みで酢も入れる。おろしあえはクロカワにかぎったことではなく、いろいろなきのこに用いられる簡単でおいしい料理。

名前の由来
黒くて大きく、傘になめし革のような感触があることから。

まるで石ころのように生えるクロカワ。

コウタケ

香茸

Hydnum aspratum
イボタケ科
発生時期：秋
食用区分：注意
（生食は中毒）

菌根性で、マツを交えた広葉樹林の地上に発生する。

名前の由来 乾燥させると、香ばしい強い香りがすることから。

いろいろなおいしいきのこ料理を食べてきたが、なかでも印象的だったのがコウタケのリゾットである。コウタケの姿はほとんど見えないのだけれど香りがものすごく、コクのあるチーズのきいたお米にとても合っていた。シェフにレシピをきいて作った。シェフの味、とはいかないけれど、きのこ自体の味がよいのでそれなりにおいしくつくれたのがうれしい。見つけると幸せになるきのこである。

落ち葉と同じ色をしているので見つけにくい。

ニンギョウタケ

人形茸

Albatrellus confluens

ニンギョウタケモドキ科

発生時期：秋

食用区分：食

菌根性で、マツやモミなどの針葉樹林の地上に発生する。

アカマツの下に列をつくって生えるニンギョウタケ。

白くて大きな傘を重ねて生える姿は巨大で、遠くを歩いていてもよく目立つ。きのこ狩りのターゲットにされることはないので、いつまでも残っている。食用にでき、歯ごたえはいいが、かすかな香りと苦みがあるため、食べる人はめったにいない。

名前の由来

白色の波状をなし起伏している様子から、人形を連想したことによる。

ミヤママスタケ

深山鱒茸

Laetiporus montanus

サルノコシカケ科

発生時期：夏〜秋

食用区分：食

腐生性で、シラビソなどの針葉樹の枯れ木に発生する。

名前の由来
深い山に発生し、鱒のような帯紅橙色があることから。

以前は、傘が黄色のものをアイカワタケ、マスの肉の色のものをマスタケとしていたが、広葉樹に生えるタイプや針葉樹に生えるタイプがあり、分類は混沌としていた。このうち、亜高山帯の針葉樹に発生するものはミヤママスタケとなった。傘の裏側が、黄色くなるのが特徴。食用になるが、肉は堅くなりやすいので、幼菌を探す必要がある。広葉樹に発生するものは、Laetiporus cremeiporus の名で新たに新種記載され、和名はマスタケを引き継いだ。

シラビソの枯れ木に生えるミヤママスタケ。

カンゾウタケ

肝臓茸

Fistulina hepatica

カンゾウタケ科

発生時期：初夏

食用区分：食

腐生性で、おもにシイの大木の根際に発生する。

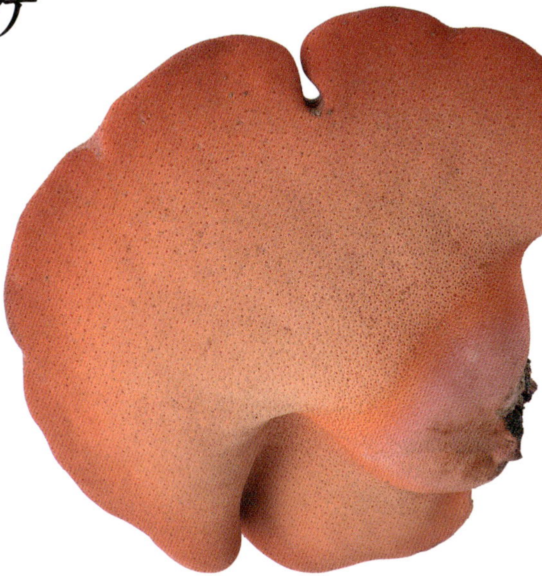

スダジイの巨木に発生した。

名前の由来 赤色で肝臓の形に似ており、さらに切断すると血のような赤い液が出ることから。

スダジイの花が香るころ。萌黄色の地味なお花をつけたスダジイを目印に森に入って行く。大きな木の根元をぐるぐるまわって探すと見つかる真っ赤なベロ。毒々しいまでの見事な赤い色が黒々とした幹からぺろんと出ている様子は、いかにも唐突で不思議な感じがする。しかも見かけによらず、このきのこは食べられるのである。残念ながら火を通すとこの赤はすっかりあせて、ふつうのきのこと変わらない色となる。ところが味のほうは個性を失わず、なんとすっぱいのである。このきのこのおいしい食べ方を、ぜひとも知りたいものである。

カワラタケ
瓦茸

Trametes versicolor
タマチョレイタケ科
発生時期：春〜秋
食用区分：食用不適

腐生性で、広葉樹や針葉樹の枯れ木に発生する。

名前の由来 屋根瓦状に重なり合って群生していることから。

　肉は木質や革質だったりして、傘の裏が管孔状になっているきのこを、硬質菌とか多孔菌といったりする。硬質菌は肉を構成する菌糸構造に特徴がある。一般的な生殖菌糸に加え、種によっては、厚膜の頑丈な菌糸があったり、たくさん分岐させて柔軟な菌糸があったり、その両方をもっていたりする。こうして、木質になったり、革質になったりする。カワラタケは食べられますかと質問されることがある。たしかに毒はないけれど、堅くて噛み切れないだろう。

カワラタケの傘の色は変化に富む。

コフキサルノコシカケ

粉吹猿腰掛

Ganoderma applanatam
タマチョレイタケ科
発生時期：一年中
食用区分：食用不適

腐生性で、広葉樹の枯れ木や成木に発生する。

公園の枯れ木に発生した。

名前の由来
粉吹き状になっていることが多く、猿が腰かけても落ちないほど固着していることから。

サルノコシカケは、木質で堅く、多年生で毎年生長を続けていき、大きな傘をつくるきのこ。ただのサルノコシカケと名づけられた種はない。広葉樹にはコフキサルノコシカケ、ツリガネタケ、針葉樹にはツガサルノコシカケ、エブリコなどが生える。サルノコシカケの胞子は淡い色のものが多いが、コフキサルノコシカケは濃い色をしているのが特徴。胞子を活発に放出している時期には、ココアの粉をかぶったような状態を見ることができる。

楽しいきのこ狩り

きのこは植物と密接な関係にあります。多くのきのこは菌根性で植物の根に絡みつき栄養分のやりとりをしています。どのきのこがどの植物と関係があるかを知れば、きのこ探しが一層楽しくなるでしょう。また、森の掃除屋さんといわれる腐生性のきのこは、枯れ木や落ち葉を分解しています。枯れ木や倒木を見つけたら探してみてください。

【街のきのこ】

きのこは植物があれば街なかでも発生します。公園や神社を散歩するときは、ブナ科やマツ科の樹下をよく見てみましょう。そこは正にきのこスポットです。

【里山のきのこ】

アカマツの混じったコナラ林は、ブナ科とマツ科に関係のある両方のきのこが見られるので、まさに一石二鳥です。林床のきれいなところはきのこの発生に最適です。

【ブナ帯（落葉広葉樹林地帯）のきのこ】

ブナやミズナラの巨木が立ち並ぶ森はきのこの宝庫で、歩いているだけで心地よいものです。ミズナラの枯れ木に生えたマスタケは森に彩りを添えています。

【亜高山帯のきのこ】

苔むしたシラビソやコメツガの樹林は、平地では見られないきのこを見ることができます。シラカンバ林も見逃せないきのこスポットです。

きのこ狩りで大切なことは、森を楽しむ気持ちをもつことです。では、毒きのこに十分注意して、きのこ狩りを楽しんでください。

オニフスベ
鬼贅

Calvatia nipponica
ハラタケ科
発生時期：夏～秋
食用区分：食（幼菌のみ）

腐生性で、竹やぶや公園、田畑のあぜ道、庭などに発生する。

真っ白でバレーボールのように見えるきのこ。幼いときは、内部は真っ白で食用になる。胞子が成熟してくると、くさい液汁を出しながら褐色になってきて、最終的にほこり状になる。竹やぶや公園などに生えるが、発生場所を特定するのはなかなかむずかしい。運と偶然にたよるしかない。以前は、車の運転中に、白い異様なものが車窓を通り過ぎた。車を停めて確認してみると、道路わきの植え込みに、投げ捨てられたペットボトルやゴミ袋に擬態したように、オニフスベが生えていた。

名前の由来
鬼とは大形の意味で、フスベ（瘤の異名）はきのこの形による。

きのことは思えない形と大きさ。

ホコリタケ

埃茸

Lycoperdon perlatum

ハラタケ科

発生時期：梅雨～秋

食用区分：食（幼菌のみ）

腐生性で、林内の有機物に富む地上に発生する。

名前の由来 熟した個体を指で弾くと、胞子がほこりのように舞い上がることから。

頂部がとげとげにおおわれているときは、内部は白色で食用になる。思いのほかおいしい。胞子が成熟してくると、くさい液汁を出しながらオリーブ褐色を帯びてくる。頂部に穴が開いてくるころには、内部は褐色のほこり状になる。きのこをとんとんたたいてみると、穴からほこりが出てくる。胞子は弾糸と呼ぶ綿状のものに絡まっている。胞子を一度に全部ではなく、ちびりちびりと排出する。

落ち葉が積もったところにたくさん生えたホコリタケ。

エリマキツチグリ

襟巻土栗

Geastrum triplex

ヒメツチグリ科

発生時期：夏〜秋

食用区分：食用不適

腐生性で、おもに林内の落葉の多い地上に発生する。

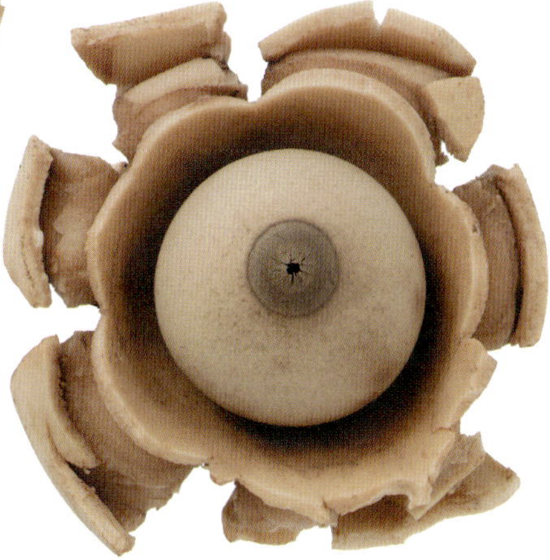

名前の由来

外皮の内層が割れて襟巻き状になる、ヒメツチグリ属のきのこの意。

落ち葉に紛れるように生えて、見つけにくい。

エリマキツチグリは、エリマキツチガキということもある。ヒメツチグリ属の名前には、ツチグリを使う場合とツチガキを使う場合があるので混乱しやすい。たとえば、ヒメツチグリとは別の種で、ヒナツチガキというのもある。しばらく時間がたつと、グリだったかガキだったかつい忘れてしまう。ツチグリの外皮は、ゼラチン状の層があるので、雨が降って吸湿すると開き、乾燥すると閉じるという特徴がある。しかし、ヒメツチグリ属にはゼラチン状の層がないため、開きっぱなし。

ツチグリ
土栗

Astraeus hygrometricus
ディプロシスチジア科
発生時期：夏～秋
食用区分：食（幼菌のみ）

菌根性で、広葉樹林内やマツ林の斜面に多く発生する。

名前の由来
土の上に発生したきのこが、クリのイガが弾けた形状に見えることから。

せっかくきのこ狩りにきたのに雨……こんなときに見られるのがツチグリである。雨が降るとお星様のような形に腕を広げる。突如現れたように見えるので、だれかの落とし物のようだ。だれかブローチ落としませんでしたか〜？　真ん中の丸い包みには胞子がいっぱい詰まっていて、雨粒があたるとその勢いでてっぺんに開いた穴から飛び出す仕組み。意外にしたたかなのである。

モミジの落ち葉のそばで
見つけたツチグリ。

外皮がすべて開くと、ユ
ニークな星形になる。

キヌガサタケ

衣笠茸

Dictyophora indusiata
スッポンタケ科
発生時期：梅雨・秋
食用区分：食

腐生性で、竹林内に発生する。

名前の由来
白いレース状に開いた被膜を、古代の高貴な人の差し掛けた衣笠に見立てたことから。

竹林にレースを広げる姿は清楚で美しい。

竹林に生える、白いレースをまとった美しいきのこ。でも、においはとてもくさい。なかなか出会うことがなく、あこがれのきのこ。熱帯を中心に分布しているので、関東では発生が少ないのかもしれない。生長するのが速くて、1分間に2～4㎜伸長する。撮影のためにお茶を飲みながら待機していると、卵状の幼菌が裂開し、傘と柄が伸長し、レースを広げるまで2時間ほどだった。中華料理を中心に、レースと柄を食用にする。まったりとした香りと柄のシャリシャリとした歯ごたえがたまらない。

スッポンタケ

鼈茸

Phallus impudicus
スッポンタケ科
発生時期：梅雨〜秋
食用区分：食

腐生性で、林内の地上に発生する。

頭部は粘液におおわれ悪臭を放つ。

名前の由来
頭部の形状が、スッポンの頭に似ていることから。

スッポンタケ科は奇抜な形をしたきのこが多くて楽しい。幼菌のときは卵形をしている。割ってみると、ゼラチン状のものに満たされていて、縮こまった傘や柄がつまっている。成長すると、ハエなどの虫がやってくる。強烈なにおいのする粘液には、胞子がまじっている。虫に胞子を運んでもらう作戦だ。スッポンタケの傘は、黒っぽい粘液におおわれているが、虫がなめまわしてしまい、すっかり白くなってしまうこともある。食用となっているが、私はあの強烈なにおいを克服することができず、まだ食べたことがない。

サンコタケ
三鈷茸

Pseudocolus schellenbergiae
アカカゴタケ科
発生時期：梅雨〜秋
食用区分：食用不適

腐生性で、竹林や庭先き、道端などに発生する。

林の中を歩いていると、カニの爪のようなものが地面から生えているのに出くわす。このユニークな形のきのこは、三鈷という仏具に見立てられてこんな名前がついている。まだ出たてのころは内側に黒くてくさい液体があり、この中に胞子が入っている。だが、見つけられるほとんどのものはすでにハエになめ取られたあとで、珊瑚色のごつごつしたカニの爪状になっている。

名前の由来
形が密教の修法で使う法具の一種、三鈷（両端が三叉になった金剛杵《こんごうしょ》）に似ていることから。

頂部には、黒っぽい粘液が付着している。

傘のないのが特徴のサンコタケ。

キツネノタイマツ

狐の松明

Phallus rugulosus

スッポンタケ科

発生時期：梅雨～秋

食用区分：食用不適

腐生性。路傍、林地、竹やぶなどに発生する。

きつねの○○、と名づけられたものは植物にもきのこにもたくさんあるが、そのなかでも最も美しいものの一つだと思う。蜜蠟でできた繊細なろうそくのようないでたちに、赤から白への見事なグラデーション。ずらりと並んだ姿を見ると不思議の国に迷い込んだような気持ちになる。あれでよい香りでもしたら完璧なのだが、残念ながらハエをおびき寄せるための悪臭を身にまとっている。それを差し引いても魅力的ではあるけれど。

名前の由来

赤い色と形状を、松明に見立てたことから。

並んで生えることが多く、まるで松明のように見える。

チップの上から生える
キツネノタイマツ。

アラゲキクラゲ
粗毛木耳

Auricularia polytricha

キクラゲ科

発生時期：春～秋

食用区分：食

腐生性で、広葉樹の枯れ木や枯れ枝上に発生する。

名前の由来 灰色の粗毛を密生させ、湿るとクラゲのように柔らかくなることから。

栽培されていて、生や乾燥品として流通している。中華料理などによく使われる。とんこつラーメンなどにも、細くきざまれたものがよくトッピングされていて、コリコリとした歯ごたえを楽しむことができる。ニワトコから出ているのをよく見かけるが、いろいろな広葉樹の枯れ木から発生する。普段は乾燥しているため、縮こまっていて見つけにくい。探すなら、雨が降ったあと。水分をたっぷり吸って、ぷりぷりになっている。

乾燥し干からびたアラゲキクラゲ。

雨が降るとぷりぷりになる。

シロキクラゲ
白木耳

Tremella fuciformis
シロキクラゲ科
発生時期：春～秋
食用区分：食

腐生性で、おもに広葉樹の枯れ木に発生する。

枯れ木に生えるシロキクラゲ。黒い粒々はクロコブタケ。

名前の由来 白くて、キクラゲの仲間であることから。

お惣菜売り場でサラダを買うと、海草にまじってシロキクラゲが入っていることがある。注意深く食べてみよう。通常は乾燥品として流通している。野生では、雨のあとにコナラなどの枯れ木に生えている。枯れ木にはよく見ると、黒くてぶつぶつとしたクロコブタケがついている。実は、シロキクラゲは菌類を食べている。菌類は通常、胞子が発芽すると菌糸状になるが、シロキクラゲの仲間は、酵母状といって、つぶつぶしたものが増えるだけ。めずらしい特徴をそなえてる。

シャグマアミガサタケ

赭熊編笠茸

Gyromitra esculenta

フクロシトネタケ科

発生時期：春

食用区分：毒

腐生性で、おもに針葉樹林の地上に発生する。

名前の由来　傘の形が編笠状で、ヒグマの毛に似た赤褐色をしていることから。

コメツガの林に生えるシャグマアミガサタケ。

春に生える、〝食べられる〟毒きのこ。学名の種小名はアミガサタケと同じ esculenta。食べられるという意味。かつてのヨーロッパでは、缶詰がつくられたほど人気のあった食用きのこ。毒成分が水溶性のため、毒抜き方法を心得ていた。それでも、中毒事故は起きていたのだろう、今では、食べないようにしようという方向にいっている。手間をかけて毒抜きしてまで食べるほどの価値はない、と思ってしまうのは日本人だからだろうか。

オオズキンカブリタケ

大頭巾被り茸

Ptychoverpa bohemica

アミガサタケ科

発生時期：春

食用区分：不明

腐生性で、おもに林内の地上に発生する。

名前の由来

頭部の形態が頭巾状をした、大形のきのこの意。

スミレの咲き乱れるころに発生する。

きのこは秋のもの、と思っている人は多い。たしかに、秋にはたくさんのきのこが発生する。実は、梅雨の時期から夏にかけてもたくさんのきのこが発生する。ただし、夏のきのこは虫が活発に食べていることも多いので、秋のきのこのほうが食用的価値は高いかもしれない。春にもちょっとした発生のピークがある。雪解けとともに微小なきのこが姿を現し、桜が咲くころにアミガサタケなどの大形のきのこが現れる。オオズキンカブリタケは、山地の川の近くで、おいしそうなコゴミの出るころに発生する。

アミガサタケ
編笠茸

Morchella esculenta
アミガサタケ科
発生時期：春
食用区分：注意（生食は中毒）

腐生性で、林内の地上あるいは道端に発生する。

名前の由来
傘の形が編笠状であることから。

桜の季節が過ぎ、八重桜が咲き出すころ、この不思議な形のきのこが顔を出す。ヨーロッパでは有名な食用きのこだが、日本ではあまり食べられていない。ごつい感じの外見の中身は空洞でほんとうにおいしいのかしら、と思うけれどおどろくほどのうまみが出る。クリームソースとの絡みは最高！　その空洞からたまにゲジゲジが出てくるのが玉に瑕《きず》。ゲジゲジのほうこそいい迷惑か。

ヤブカンゾウに紛れて
生えるアミガサタケ。

ソメイヨシノが散り八重
桜が満開の頃、発生のピ
ークを迎える。

PHOTO INDEX

あとがき

社会人になったころ、私は休日になるとオフロードバイクで山の中を走り回っていた。シーズンになると、きのこを探している人を見かけたりした。ある日バイクを停めると、道端に赤いきのこが列をつくって生えていた。タマゴタケだったのかもしれない。でも、そのときは何のきのこかはわからなかった。

何気なく、きのこにカメラを向けてみた。写真を撮っておけば、きのこを覚えるかもしれない。きのこは色彩豊かで形も様々、私は徐々にきのこの魅力にとりつかれていった。

写真の知識はなく、最初のころの写真はひどいものだった。どうしたらいい写真が撮れるのだろう？　幸い、きのこは動いたり逃げたりしない。植物のように風に揺れたりもしない。試行錯誤はあったが、じっくりと撮影に取り組んでいけるようになった。

きのこのことを知ってくると、その役割の大きさに驚かされる。きのこなどの菌類は植物と共生し、養分のやりとりをしている。一方で、枯れ木や落ち葉を分解し、森を掃除する菌類もいる。また、きのこは人間をはじめ、いろいろな生物の食料源ともなっている。森を見ると、ほぼ植物しか見えないけど、実は森の風景をつくっているのは菌類かもれしれない。近頃ではそんなふうにも思っている。

きのこを通じて、多くの人たちと貴重な出会いがあった。毎年シーズンに、その人たちを訪ねて一緒に山を歩くのが楽しみのひとつだ。

2013年7月、今から2年前のこと、長らく勤めていた会社を早期退職しフリーの身になった。その後、編集者の飯田猛さんとの出会いがあり、宝物のようなこの1冊へつながった。フリーになって初めてつくったきのこの本だ。この本を通し、多くの人にきのこの魅力を感じてもらえたなら、これに勝る喜びはない。

平成27年8月

大作晃一

撮影協力／浅井郁夫、押田勝巳、香川長生、小林孝人、小林由佳、小山明人、神宮寺孝之、樋口國雄、宮川光昭、山岡昌治　**執筆協力**／木下美香、繁森有紗、吹春公子
校正／株式会社円水社　**DTP**／株式会社明昌堂

きのこの呼び名事典

発行日　2015 年 9 月 10 日　初版第 1 刷発行
発行日　2015 年 11 月 1 日　初版第 2 刷発行

写真・文：大作晃一
発行者：高林祐志
発　行：株式会社世界文化社
〒102-8187 東京都千代田区九段北 4-2-29
電話 03-3262-5115（販売部）
印刷・製本：図書印刷株式会社

ISBN978-4-418-15413-5

編集：株式会社 セブンクリエイティブ・飯田 猛

※内容に関するお問い合わせは、
株式会社セブンクリエイティブ　TEL03（3262）6810までお願いいたします。